AS PEÇAS

PARA COMEÇAR, VAMOS ENTENDER O QUE SIGNIFICA CADA UMA DELAS:

ESTA PEÇA É A **UNIDADE**.

▣ ▶ = 1 (UM)

CONTE QUANTAS UNIDADES VOCÊ TEM. ____

> EXPERIMENTE FORMAR **DEZENAS** OU UMA **CENTENA** USANDO APENAS AS UNIDADES.

ESTA PEÇA É A **BARRA**, QUE REPRESENTA UMA DEZENA.

▼

1 DEZENA É A SOMA DE 10 UNIDADES:

= 10 (DEZ)

▼

QUANTAS BARRAS VOCÊ TEM? ____

ESTA PEÇA É A **PLACA**, QUE REPRESENTA UMA CENTENA.

1 CENTENA É A SOMA DE 10 DEZENAS OU 100 UNIDADES. QUANTAS PLACAS VOCÊ TEM? ____

OBSERVE AS PEÇAS E RESPONDA:

1 AS PEÇAS SÃO IGUAIS? ____

2 QUAL É O NOME DA PEÇA MENOR? ____

3 QUAL É O NOME DA PEÇA MAIOR? ____

UM POUCO DE CRIATIVIDADE

O MATERIAL DOURADO É MUITO VERSÁTIL, ISSO QUER DIZER QUE UNE DIVERSÃO E CONHECIMENTO. VEJA SÓ ALGUMAS FORMAS:

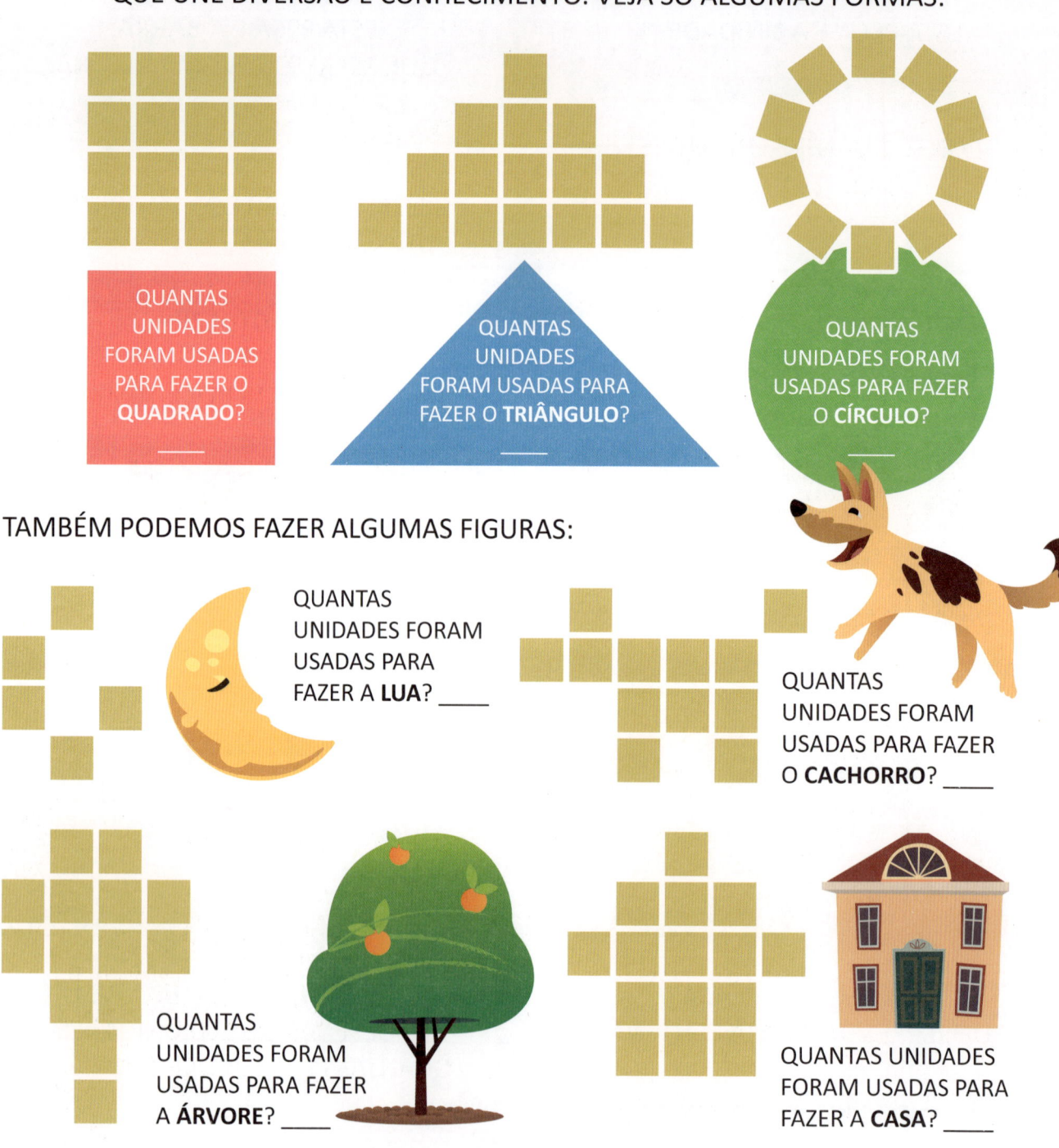

QUANTAS UNIDADES FORAM USADAS PARA FAZER O **QUADRADO**? ____

QUANTAS UNIDADES FORAM USADAS PARA FAZER O **TRIÂNGULO**? ____

QUANTAS UNIDADES FORAM USADAS PARA FAZER O **CÍRCULO**? ____

TAMBÉM PODEMOS FAZER ALGUMAS FIGURAS:

QUANTAS UNIDADES FORAM USADAS PARA FAZER A **LUA**? ____

QUANTAS UNIDADES FORAM USADAS PARA FAZER O **CACHORRO**? ____

QUANTAS UNIDADES FORAM USADAS PARA FAZER A **ÁRVORE**? ____

QUANTAS UNIDADES FORAM USADAS PARA FAZER A **CASA**? ____

VOCÊ GOSTOU? USE SUA IMAGINAÇÃO E FAÇA VÁRIAS OUTRAS FORMAS E FIGURAS.

VAMOS CALCULAR!

AGORA QUE VOCÊ JÁ CONHECEU UM POUCO MELHOR AS PEÇAS, É HORA DA MATEMÁTICA.

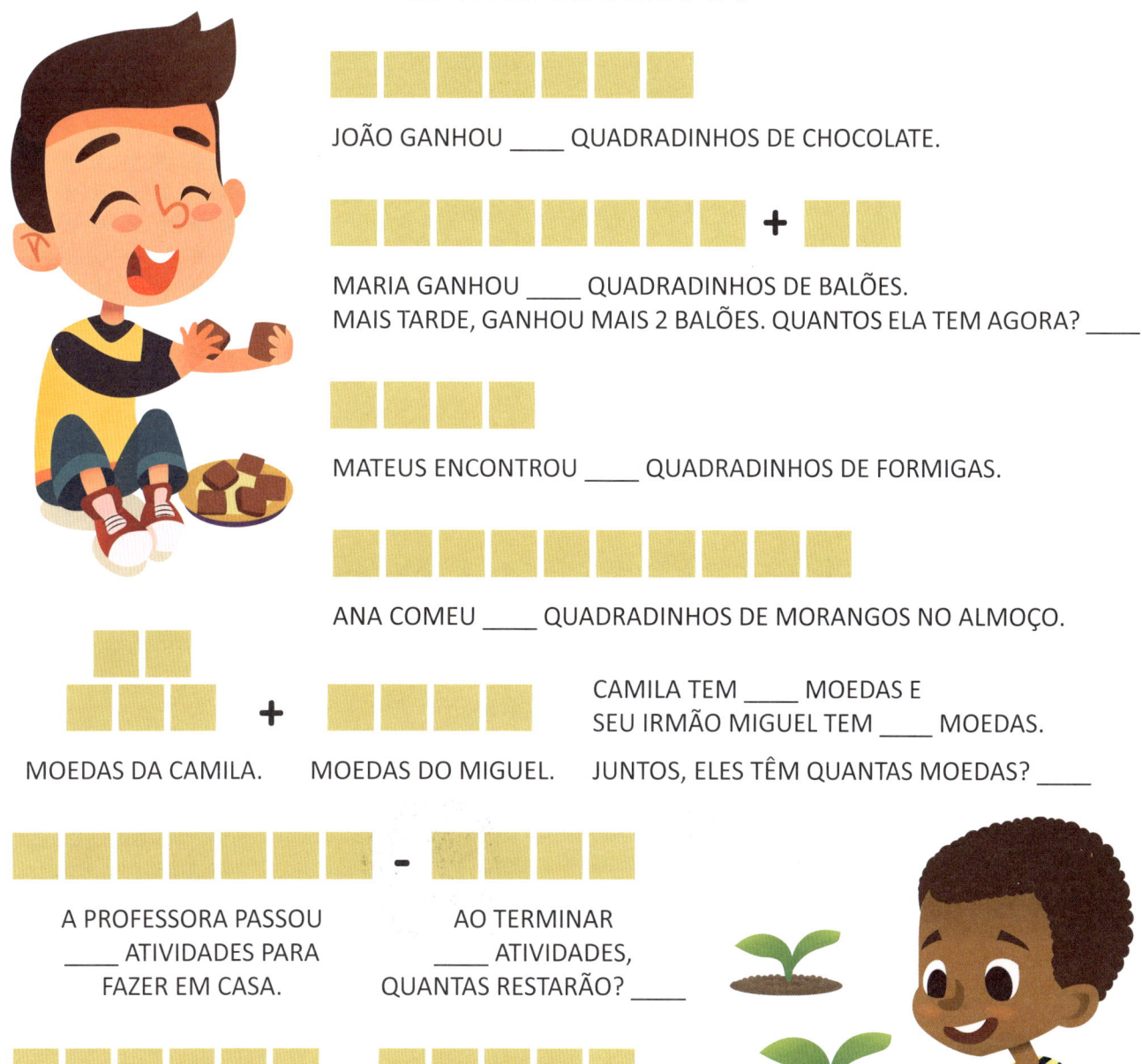

JOÃO GANHOU ____ QUADRADINHOS DE CHOCOLATE.

MARIA GANHOU ____ QUADRADINHOS DE BALÕES.
MAIS TARDE, GANHOU MAIS 2 BALÕES. QUANTOS ELA TEM AGORA? ____

MATEUS ENCONTROU ____ QUADRADINHOS DE FORMIGAS.

ANA COMEU ____ QUADRADINHOS DE MORANGOS NO ALMOÇO.

MOEDAS DA CAMILA. MOEDAS DO MIGUEL.

CAMILA TEM ____ MOEDAS E SEU IRMÃO MIGUEL TEM ____ MOEDAS. JUNTOS, ELES TÊM QUANTAS MOEDAS? ____

A PROFESSORA PASSOU ____ ATIVIDADES PARA FAZER EM CASA.

AO TERMINAR ____ ATIVIDADES, QUANTAS RESTARÃO? ____

EM UM DIA À TARDE, PAULO REGOU ____ PLANTINHAS.

NO OUTRO DIA, REGOU MAIS ____ PLANTAS.

QUANTAS PLANTAS PAULO REGOU? ____

AS DEZENAS

OBSERVE AS QUANTIDADES E RESPONDA:

1 HÁ QUANTAS UNIDADES? ____
HÁ QUANTAS DEZENAS? ____

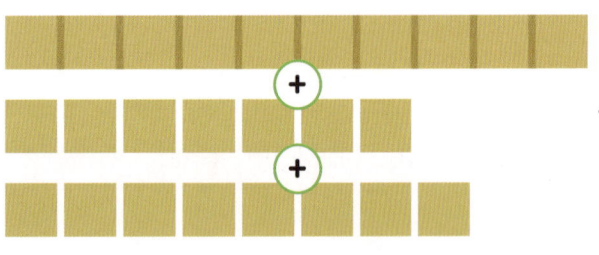

2 HÁ QUANTAS UNIDADES? ____
HÁ QUANTAS DEZENAS? ____

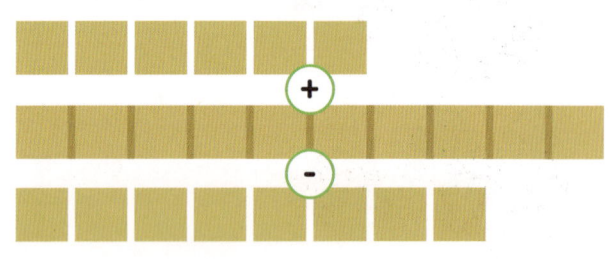

3 HÁ QUANTAS UNIDADES? ____
HÁ QUANTAS DEZENAS? ____

4 HÁ QUANTAS UNIDADES? ____
HÁ QUANTAS DEZENAS? ____

OS AMIGOS ESTÃO JUNTANDO LACRES DE LATINHAS.
A CADA POTE COM 100 LACRES ELES PODEM TROCAR POR UMA CADEIRA DE RODAS.

JOANA JUNTOU ____ LACRES.
QUANTOS LACRES FALTAM PARA COMPLETAR 100 UNIDADES? ____

MARCOS JUNTOU ____ LACRES.
QUANTOS LACRES FALTAM PARA COMPLETAR 100 UNIDADES? ____

MATHEUS JUNTOU ____ LACRES.
QUANTOS LACRES FALTAM PARA COMPLETAR 100 UNIDADES? ____

A MULTIPLICAÇÃO

PARA SOMAR QUANTIDADES MAIORES, PODEMOS USAR A MULTIPLICAÇÃO. PEGUE AS PEÇAS E VEJA COMO É FÁCIL:

OU

3 × 4 = 12

AGORA QUE VOCÊ APRENDEU COMO FUNCIONA, FAÇA AS ATIVIDADES ABAIXO:

MARIA FOI 3 VEZES A FEIRA ESSA SEMANA. EM CADA UMA DAS VEZES COMPROU ____ FRUTAS. QUANTAS FRUTAS MARIA COMPROU ESSA SEMAMA? ____

TODA VEZ QUE O PADEIRO CHARLES PREPARA DUNOTS, ELE FAZ ____ UNIDADES POR FORMA. SE ELE FIZER 6 FORMAS, QUANTOS DONUTS ELE VAI TER? ____

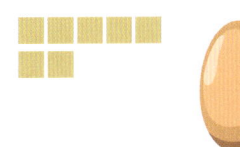

SE UMA GALINHA PÕE ____ OVOS POR SEMANA, QUANTOS OVOS VAMOS TER COM 4 GALINHAS DURANTE 2 SEMANAS? ____

O TREM ESTÁ LEVANDO 2 CAIXAS EM CADA VAGÃO DE CARGA E, EM CADA CAIXA TEM 10 LIVROS. AGORA RESPONDA:

1 QUANTOS VAGÕES TÊM O TREM? ____

2 QUANTAS CAIXAS O TREM ESTÁ CARREGANDO? ____

3 QUANTOS LIVROS O TREM ESTÁ CARREGANDO? ____

4 SE O TREM FIZER ESSA MESMA VIAGEM 3 VEZES, QUANTAS CAIXAS SERÃO TRANSPORTADAS? ____

5 SE O TREM FIZER UMA VIAGEM COM APENAS 2 VAGÕES, QUANTOS LIVROS SERÃO TRANSPORTADOS? ____

A DIVISÃO

PARA DIVIDIR UMA QUANTIDADE EM PARTES IGUAIS VOCÊ PODE USAR A DIVISÃO. VEJA O EXEMPLO ABAIXO:

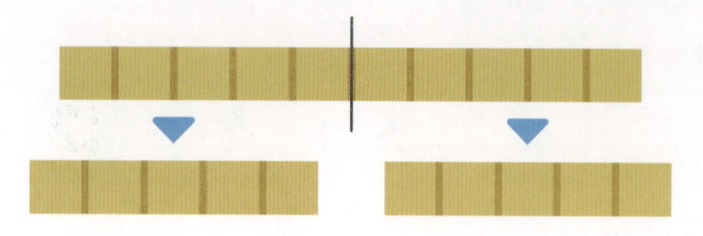

OU   10 ÷ 2 = 5

AGORA QUE VOCÊ APRENDEU COMO FUNCIONA, FAÇA AS ATIVIDADES ABAIXO:

NA LOJA DO SEU RAFAEL TEM ____ PACOTES DE **AÇÚCAR** EM 3 PRATELEIRAS. QUANTOS PACOTES ELE PODE COLOCAR EM CADA PRATELEIRA? ____

MARINA TEM ____ CENOURAS E VAI COMER EM 9 DIAS. QUANTAS CENOURAS MARINA VAI COMER POR DIA? ____

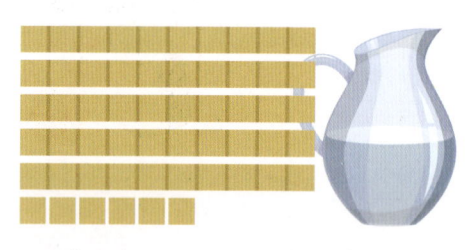

VOCÊ TEM ____ LITROS DE ÁGUA PARA ENCHER 28 JARRAS COM A MESMA QUANTIDADE. QUANTOS LITROS CABE EM CADA JARRA? ____

RESOLVA AS OPERAÇÕES ABAIXO USANDO AS PEÇAS:

8 ÷ 2   48 ÷ 8   6 ÷ 2   21 ÷ 3

O FAZENDEIRO COLHEU ____ LARANJAS E FARÁ A DIVISÃO EM ____ EMBALAGENS. QUANTAS LARANJAS VÃO TER EM CADA EMBALAGEM? ____

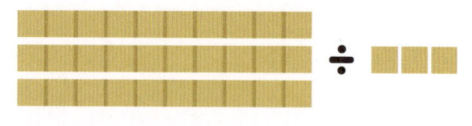

NA FAZENDA TEM ____ ANIMAIS, ELES DEVERÃO SER SEPARADOS EM ____ RANCHOS DIFERENTES. COM QUANTOS ANIMAIS VAI FICAR CADA RANCHO? ____

A CENTENA

OBSERVE AS QUANTIDADES E RESPONDA:

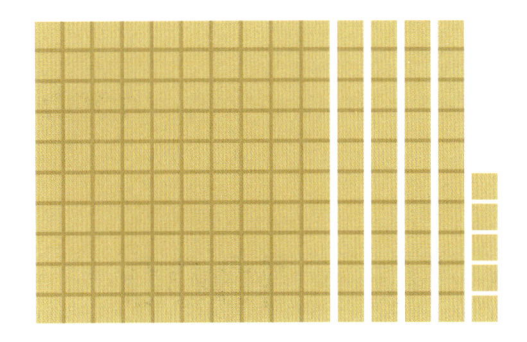

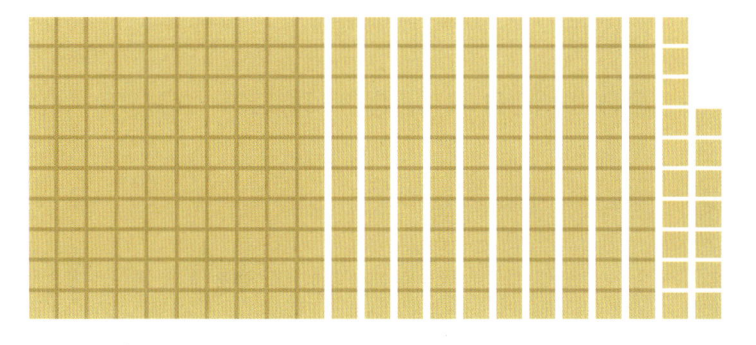

1
HÁ QUANTAS UNIDADES? ____
HÁ QUANTAS DEZENAS? ____
HÁ QUANTAS CENTENAS? ____

2
HÁ QUANTAS UNIDADES? ____
HÁ QUANTAS DEZENAS? ____
HÁ QUANTAS CENTENAS? ____

CALCULE:

3 ×

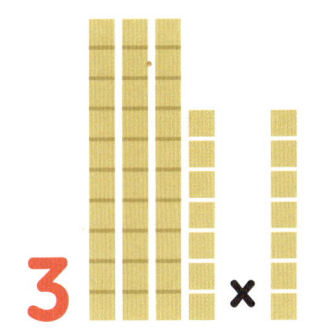

4 ÷

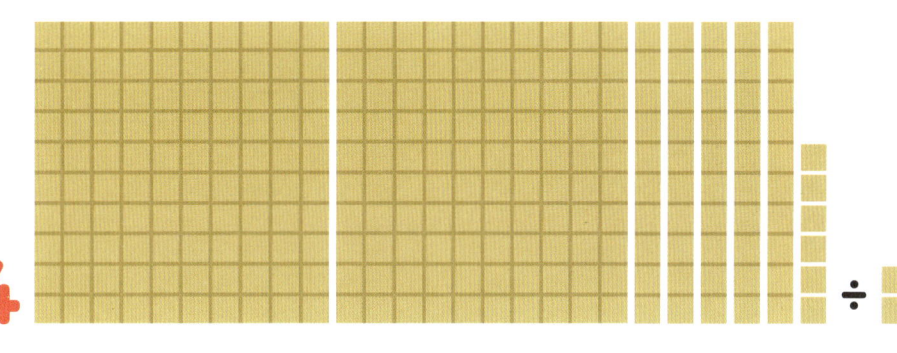

5  NA PIZZARIA SÃO FEITAS 15 PIZZAS POR HORA. QUANTAS FATIAS TEM CADA PIZZA? ____. QUANTAS FATIAS DE PIZZAS VAMOS TER EM 2 HORAS? ____

SE EU GANHAR ____ MOEDAS DURANTE ____ DIAS, QUANTAS MOEDAS VOU TER AO TODO? ____

6 ×

7 SE 1 HORA TEM 60 MINUTOS, QUANTOS MINUTOS TEM 4 HORAS? ____

O MILHAR

É HORA DE TRABALHAR COM GRANDES NÚMEROS, PROVANDO QUE VOCÊ DOMINA A MATEMÁTICA. VEJA COMO PODEMOS ATINGIR O VALOR DE 1000:

100 + 100 + 100 + 100 + 100 + 100 + 100 + 100 + 100 + 100 = 1000

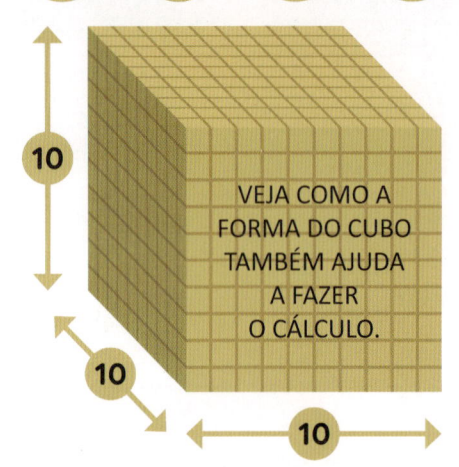

OU

10 × 10 × 10 = 1000

OU

10 × 100 = 1000

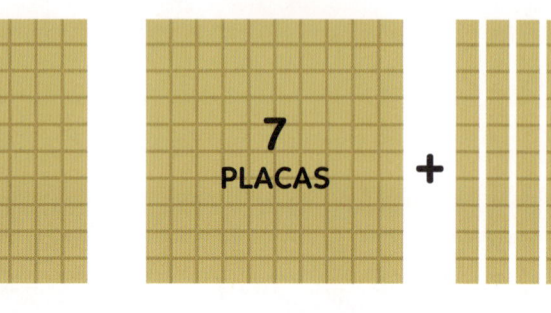

VEJA COMO A FORMA DO CUBO TAMBÉM AJUDA A FAZER O CÁLCULO.

7 PLACAS +

SE UMA CAIXA TEM 250 PEÇAS PARA BRINCAR, QUANTAS CAIXAS PRECISO PARA TER 1000 PEÇAS? ____

QUANTAS PLACAS SÃO NECESSÁRIAS PARA OBTER 1000 UNIDADES? ____

QUANTAS UNIDADES FALTAM PARA COMPLETAR 1000 UNIDADES? ____

MANUEL IRÁ PARTICIPAR DE UMA MARATONA DE 4 QUILÔMETROS. SE CADA QUILÔMETRO (KM) TEM 1000 METROS, QUANTOS METROS ELE PERCORRERÁ AO TODO?

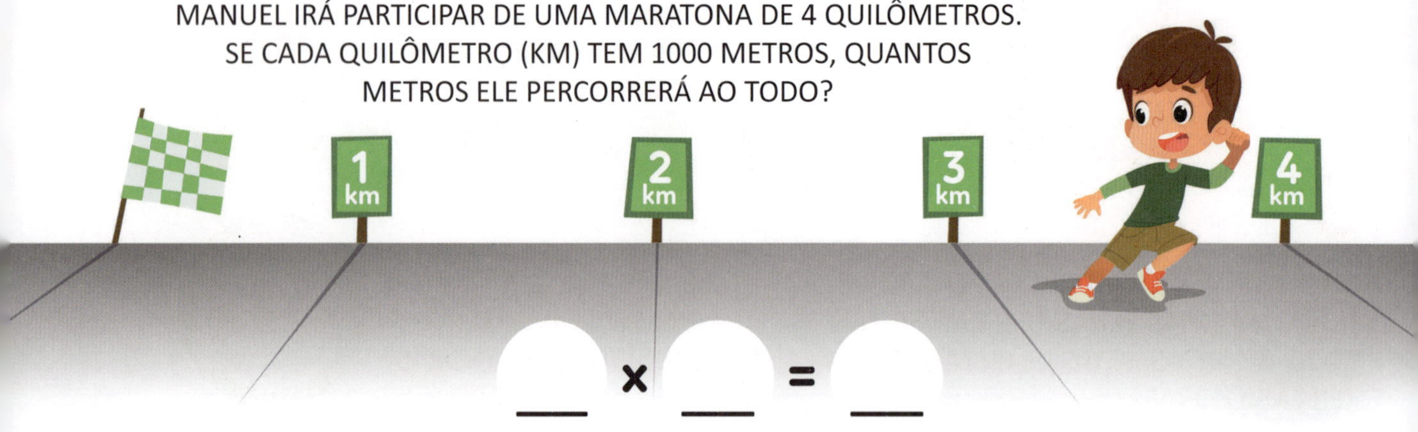

____ × ____ = ____